MENSCHEN. **BILDER**

THOMAS WEIDENHOLZER

MENSCHEN.**BILDER**

JOHANN **BA**RTH SIEHT SALZBURG 1950–1975

SCHRIFTENREIHE DES ARCHIVS DER STADT SALZBURG 63

Bibliografische Information Der Deutschen Bibliothek
Die Deutsche Bibliothek verzeichnet diese Publikation in der
Deutschen Nationalbibliografie.
Detaillierte bibliografische Daten sind im Internet über
http://dnb.de/nationalbibliografie abrufbar.

ISBN 978-3-900213-55-8

Herausgeber: Stadtarchiv und Statistik Salzburg

Schriftleitung: Peter F. Kramml

Bildnachweis: Stadtarchiv Salzburg, Fotoarchiv JOBA
Sepp Dreissinger, Wien (2 Fotos)

Grafische Gestaltung: Friedrich Pürstinger

Druck: Druckerei Roser GmbH

3., verb. Aufl.

Salzburg 2022

JOHANN BARTH (JOBA)

Johann Barth mit seiner ersten „Leica",
Sommer 1954.

Johann Barth
bei der Haarwäsche,
1953.

1931 in Mettersdorf in Siebenbürgen (Rumänien) geboren, 1944 vertrieben, war Johann Barth zusammen mit seiner Familie zunächst nach Deutschland gekommen. Ab 1946 lebte sie zunächst in Palting und anschließend in Burgkirchen im Innviertel. Nach der Übersiedlung 1952 in die Stadt Salzburg arbeitete Johann Barth in zahlreichen „Brotberufen" als Bauarbeiter, Magazineur und als Buchverpacker.

In diese Zeit fallen auch die ersten fotografischen Versuche Barths. Er lichtete seine unmittelbare Umgebung ab, fotografierte seine Familie, seine Freunde und Bekannten, die Arbeitskollegen. In Salzburg durchstreifte er als „Schnappschuss-Jäger" die Stadt, Szenen und Menschen mit seiner Kamera, einer Leica, beobachtend.

Indem Barth Beiläufiges und Alltägliches fotografierte, entstand en passant eine Art Bildchronik kulturellen und gesellschaftlichen Wandels in der Stadt Salzburg. Barths Bilder dokumentieren die Überwindung des Mangels der Nachkriegsjahre und den Beginn der Konsumgesellschaft, das Aufkommen neuer Lebensmodelle in den fünfziger und sechziger Jahren. Barths Fotoberichte sind keine politischen Reportagen, streng genommen sind sie auch nicht sozialkritisch. Seine Bilder, scheinbar „zufällige" Momentaufnahmen mit einer neugierigen Kamera, sind aufmerksame Beobachtungen sozialer Realität. Barths Sympathie für die Underdogs ist evident.

In diese Zeit fielen auch Barths erste journalistisch-literarischen Versuche. Als Volontär verfasste er 1954 für das „Demokratische Volksblatt" eine Reportage über die Arbeit der Bahnarbeiter. Zur selben Zeit war dort Thomas Bernhard Gerichtsreporter. 1955 veröffentlichten die „Salzburger Nachrichten" ein erstes Foto Johann Barths. Im Herbst 1957 beteiligte er sich an einer großen Fotoausstellung der Salzburger Arbeiterkammer. Man lobte die „betont sozialkritischen Aufnahmen" des jungen Fotografen.

Den Maturakurs der Salzburger Volkshochschule brach Barth ab, als er 1955 eine Stelle als Redakteurs-Aspirant bei einer Linzer Wochenzeitung angeboten bekam. Die folgenden Jahre verdingte er sich als schreibender Journalist. Die Fotografie rückte jedoch immer mehr ins Zentrum seiner beruflichen Laufbahn. Er arbeitete als Fachkorrespondent bei „Foto-Porst", einem weltweiten Fotoversandhaus.

Der Markenname „JOBA" (für Johann Barth) stand nun immer häufiger unter Bildern in den Tageszeitungen. Man schätzte in den Redaktionen die

Kind auf Dreirad, Sommer 1951.

Erste Bildveröffentlichung von Johann Barth, abgedruckt in den Salzburger Nachrichten, Pfingsten 1955.

Johann Barth, Oktober 1961.

„Schnappschüsse" von „JOBA". Weniger die (kommunal-)politischen Pflichttermine, die Eröffnungen und Einweihungen, sind das Thema der Bilder „JOBA's", sondern das Leben und der Alltag in der Stadt. „JOBA" interessierten weniger die vielen Attraktionen Salzburgs, nicht die malerischen und romantischen Motive dieser Stadt, sondern ihre Bewohner und Besucher. Touristen und zufällige Passanten sind genauso „JOBA's" Thema wie Dienstmänner, Fiaker und Marktfahrer. Auch „Prominente" waren Objekte seiner Fotoleidenschaft. So fotografierte „JOBA" vor allem in den frühen sechziger Jahren zahlreiche Festspielkünstler, Musiker, Literaten und Kabarettisten. Barths Bilder haben dabei nicht den Sensation heischenden Charakter wie die Bilder der aufdringlichen Paparazzi. Barths Fotografien sind Porträts.
Seine Fotoreportage über die Eröffnung des „Großen Festspielhauses" (1960) ging preisgekrönt in einer Wanderausstellung um die Welt.

Eine 1967 geschlossene Ehe wurde kurze Zeit später wieder geschieden.

Barth war von 1960 bis 1981 als freier Pressefotograf tätig. In den siebziger Jahren rückte allerdings die Werbe- und Modefotografie immer mehr ins Zentrum seiner Tätigkeit. Die Bildunterschrift „Foto JOBA" war nun seltener in den Zeitungen zu lesen. Geschäftsrückgänge zwangen Johann Barth 1981 zur Rückgabe seines Gewerbescheines. Nach einer kurzen Tätigkeit als PR-Texter folgte die lange Zeit der Arbeitslosigkeit und die Frühpensionierung. Barth entdeckte nun wieder seine literarischen Interessen. Seit 1982 entstand eine Reihe von Romanen und Gedichtbänden. Sowohl als Fotograf als auch als Schreibender hat Barth die Welt genau registriert und beobachtet.

Das Stadtarchiv Salzburg besitzt einen Großteil der fotografischen Arbeiten Johann Barths, ein kleinerer Teil – vorwiegend Fotografien aus dem Land Salzburg – befindet sich im Salzburger Landesarchiv.

Johann Barth fotografiert, November 1960.

Aus Anlass des 75. Geburtstages von Johann Barth hat das Stadtarchiv Salzburg 2005 den vorliegenden Fotoband gestaltet. Johann Barth starb am 3. Februar 2009 in Salzburg.

Die dritte Auflage ist Teil einer ganzen Reihe von Fotobüchern, die das Stadtarchiv Salzburger Fotografen und damit auch bestimmten Zeitabschnitten der Salzburger Stadtgeschichte gewidmet hat. Erwähnt seien die Veröffentlichung der Fotografien des Carl von Frey, die einen hervorragenden Einblick in den Alltag Salzburgs des ausgehenden 19. Jahrhunderts bieten, der Fotoband Franz Krieger, der vor allem die Zeit des Nationalsozialismus zum Gegenstand hat, die beiden Bildbände des Josef Kettenhuemer, die Stereobilder von Franz Ledwinka aus den dreißiger und vierziger Jahren sowie der Band über das Fotoatelier Würthle.

Salzburg 2022

Johann Barth, August 1968.

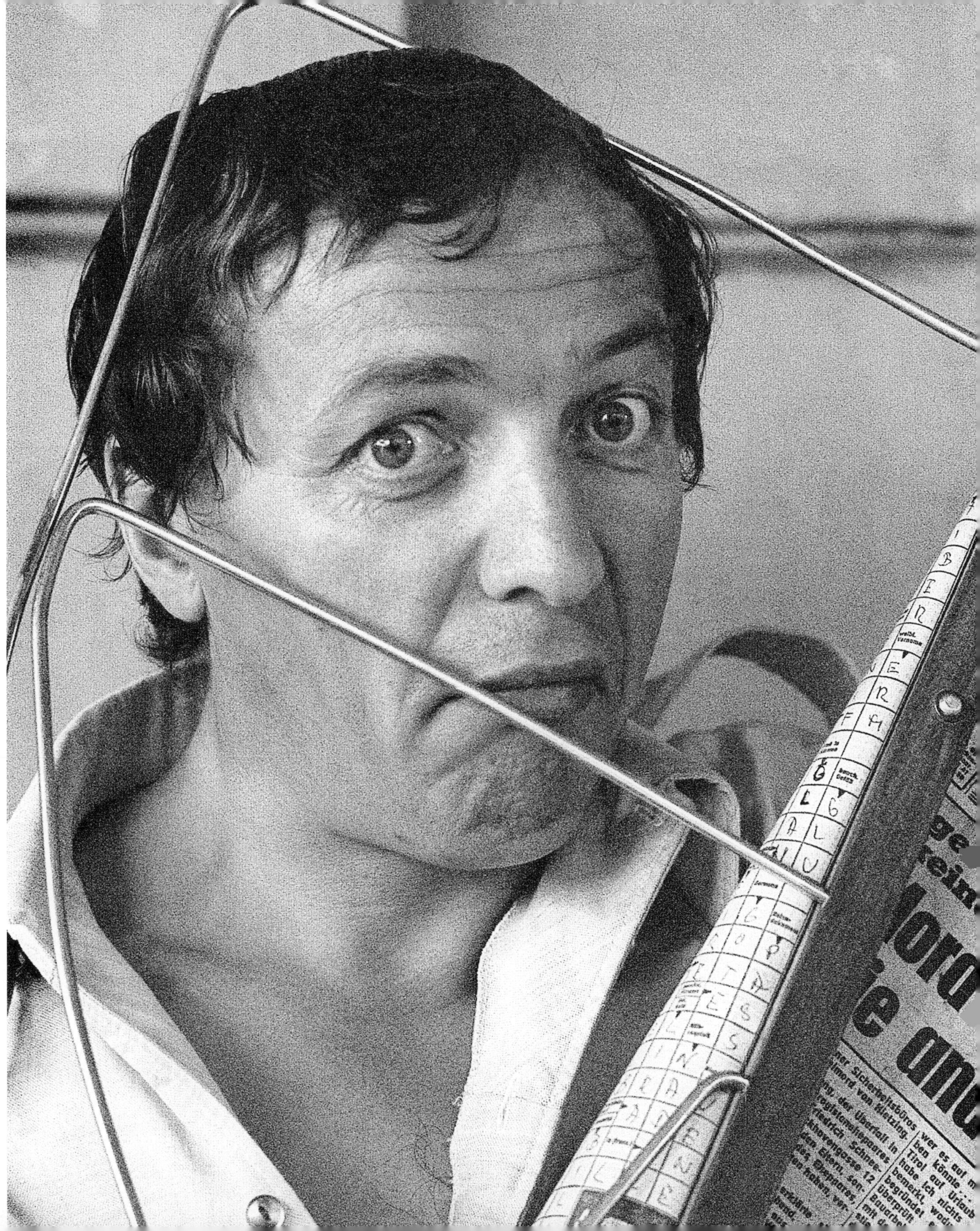

Johann Barth, August 1969.

REMINISZENZEN AN **SIEBENBÜRGEN**

1946 waren Johann Barth und seine Familie als Flüchtlinge nach Österreich, ins Innviertel nach St. Georgen an der Mattig, gespült worden. Mit dem ersten verdienten Geld als Wanderarbeiter, u. a. beim Kraftwerk Kaprun, erwarb Barth seine erste Kamera. Seine Familie und die Siebenbürger Landsleute, ihr Alltag, ihre Feste und Bräuche sind die Objekte seiner frühen Fotoleidenschaft. Als Hobbyfotograf dokumentierte er so den siebenbürgischen Lebenszusammenhang im Innviertel. Hochzeiten und Konfirmation sind wohl selbstverständliche Motive eines jeden angehenden Fotografen. Barth erweiterte jedoch sein Gesichtsfeld. Mit der Fotoserie über die Schlachtung eines Hausschweins gelang ihm ein berührendes Dokument des kargen Flüchtlingslebens der Nachkriegszeit. Stolz präsentieren sich die Familienmitglieder mit ihrem „Reichtum", dem geschlachteten Schwein.

Die Bilder dokumentieren aber auch die Geschichte einer zunehmenden Integration der Flüchtlinge im Nachkriegsösterreich, letztlich eine Erfolgsgeschichte. 1956 wird Johann Barth österreichischer Staatsbürger werden.

Konfirmandinnen,
Burgkirchen, 1951.

Hochzeitsvorbereitungen,
St. Georgen an der Mattig, 1951.

Paar in Siebenbürger Tracht,
Burgkirchen, 1951.

Siebenbürger, Burgkirchen, 1951.

Johann Barth mit geschlachtetem Schwein, Burgkirchen, 1951.

Katharina Graiger, Mutter von Johann Barth, mit geschlachtetem Schwein und Schüssel, Burgkirchen, 1951.

Johann Graiger, Stiefgroßvater von Johann Barth, mit geschlachtetem Schwein und Messer, Burgkirchen, 1951.

Hochzeitsvorbereitungen,
St. Georgen an der Mattig, 1951.

BARACKEN**ALLTAG**

Baracken und Notquartiere prägten bis weit in die sechziger Jahre das Erscheinungsbild der Stadt Salzburg. Kriegsschäden, Beschlagnahmungen durch Amerikaner und eine enorme Zahl an Flüchtlingen machten den verfügbaren Wohnraum knapp und die Wohnungsfrage brennender denn je. Die Wohnbautätigkeit der öffentlichen Hand reichte bei Weitem nicht aus, den Bedarf an Wohnungen zu decken. Mitte der fünfziger Jahre waren 15.000 Menschen in der Stadt Salzburg auf Wohnungssuche.

Nach ihrer Übersiedlung in die Stadt Salzburg wohnten Johann Barth und seine Familie in einer Baracke an der Siezenheimer Straße. In unmittelbarer Nähe war das Flüchtlingslager Kleßheim.

Die Baracken und ihre Bewohner/innen störten das Selbstbild vom schönen Salzburg. Eine offizielle Denkschrift befürchtete die „dauernde Verschandelung" der Festspielstadt und stellte zynisch fest, es werde immer Elendsquartiere geben, da es immer Menschen gebe, die lieber „eine Bretterbude mit Hühnerstall ihr Eigen nennen". Die Barackenbewohner/innen waren an ihrem Elend angeblich selbst schuld. Johann Barths Bilder sprechen eine andere Sprache. Barth fotografierte Szenen aus dem Lager, die Bewohner/innen der Baracken, Nachbarn und Verwandte, spielende Kinder und den kleinen Markt in der Nähe des Lagers. Es sind trotz aller Dürftigkeit optimistische Bilder.

Mitte der sechziger Jahre verschwanden die letzten Baracken. Die Menschen übersiedelten in neu erbaute Siedlungen vor allem im Norden der Stadt.

Bewohner der Barackensiedlung
an der Siezenheimer Straße,
Frühjahr 1954.

Beim Frühstück, 1954.

Barackenbewohnerin,
Herbst 1956.

Buben auf Fahrrädern an der Siezenheimer Straße, Juni 1954.

Waschtag in der
Barackensiedlung Siezenheimer Straße,
Anfang 1954.

Spielende Kinder,
Barackensiedlung Siezenheimer Straße,
Anfang 1954.

Flüchtlingslager an der Hellbrunner Straße,
Frühjahr 1957.

Die Hellbrunner Kaserne (heute Seniorenheim Hellbrunn) und die umliegenden Behelfsbauten wurden nach dem Krieg als Flüchtlingslager genutzt. Es stand unter internationaler Obhut und wurde vor allem von Polen und Ukrainern bewohnt. 1952 wurde die Lagerverwaltung an die Österreichische Bundesregierung übergeben. Der „Weltkirchenrat“ (World Council of Churches) unterhielt hier eine Beratungsstelle für Auswanderungswillige.

Markt in der Nähe der Maxglaner Kirche,
Februar 1955.

AUSWANDERUNGSABTEILUNG
WELTKIRCHENRAT
WORLD COUNCIL OF CHURCHES
BARACKE 31

Wohnbauten der „Neuen Heimat" in Lehen,
Herbst 1956.

**In den fünfziger Jahren setzte eine rasante Verbauung im bis dahin weitgehend unverbauten Stadtteil Lehen ein.
Die parteipolitisch eindeutig zuordenbaren „Salzburger Wohnsiedlungsgesellschaft" und „Neue Heimat" (1964 zur GSWB fusioniert) teilten sich die Bautätigkeit.**

OMO

WIRTSCHAFTS**WUNDER**

Die Jahre des Mangels waren vorbei. Die umgefärbten Uniformröcke verschwanden, die Lebensmittelkarten hatten ausgedient und die Läden füllten sich. Normalität kehrte in das Leben ein. Die Grenze nach Freilassing, wenn auch mit Kontrollen, war wieder frei passierbar. Zusehends kam die Wirtschaft in Schwung und die Realeinkommen wuchsen. Das Niveau des Lebensstandards, das zu Beginn der fünfziger Jahre noch weit unter dem westeuropäischen Schnitt gelegen war, stieg merklich. Nach den Jahren des Krieges und der Entbehrungen der Nachkriegszeit machte sich wieder Optimismus breit. Die Konsumgesellschaft begann sich zu entfalten und die Waren warfen wieder ihre „Liebesblicke". Die ersten Selbstbedienungsläden, neue Produkte von Coca Cola bis Pez und Modeschauen waren im Kommen. Der Konsum stieg zwischen 1950 und 1960 um über 70 Prozent.

Steigerung der Produktivität und Bildung waren politische Parolen der Zeit. Sie sollten Stabilität und Wohlstand bringen. Auch Johann Barth besuchte einen Maturakurs der Abendschule, den er allerdings zugunsten seiner journalistischen Laufbahn abbrach.

Den Lebenshunger der fünfziger Jahre, den Aufbruch in die neue Konsumwelt und das Begehren nach den neuen prestigeträchtigen Produkten hat Barth mit seiner Kamera eingefangen. Bei aller optimistischen Stimmung vermitteln die Bilder aber einen skeptischen Grundton.

Werbung für eine Modenschau,
Rathausplatz, April 1957.

Franziskanergasse,
April 1957.

Schulkinder auf dem Heimweg
durch die Hellbrunner Straße,
Herbst 1957.

Brotrationen,
Juli 1957.

ADAC

Grenzstation zwischen Salzburg und Freilassing, September 1956.

Die Grenze nach Bayern war nach dem Krieg von den Amerikanern abgeriegelt worden. Erst ab Sommer 1948 wurde ein eingeschränkter „kleiner Grenzverkehr" für Personen, die in der Nähe der Grenze wohnten, zugelassen. Ab 1949 konnte man mit „Grenzkarten" die Grenze passieren. 1953 fiel die Visumpflicht für Österreicher. Erst 1953/54 wurden sämtliche Reisebeschränkungen aufgehoben. Grenzkontrollen gab es aber weiterhin.

Berufsberatung im Arbeitsamt in Lehen, Herbst 1956.

Abendmaturakurs der Salzburger Volkshochschule im Gebäude der Realschule an der Griesgasse, 1957.

Schulkinder vor der Spielwarenhandlung Neumüller am Rathausplatz, November 1958.

Keine
ttagsperre

Plakatierer am Franz-Josef-Kai,
Sommer 1957.

Staatsbrücke,
Sommer 1957.

Christkindlmarkt
am Mirabellplatz,
Advent 1957.

MARKTWELTEN

Der Salzburger Grünmarkt am Universitätsplatz war in den Fünfzigern noch eine Welt in sich, ein mehr oder weniger kleiner, in sich geschlossener Kosmos und doch nach allen Seiten offen. Er hatte noch nicht den Charakter eines vegetabilen Einkaufszentrums. Die Produkte, die man erstehen konnte, kamen aus der Region und dem unmittelbaren Umfeld der Stadt. Er bot ein saisonales Potpourri von Erzeugnissen heimischer Gärten und Landwirtschaft.

Die auf dem Markt feil gebotenen Viktualien ermöglichten manchen ein kleines Zusatzeinkommen. Das Angebot war meist bescheiden: Zwiebel, Erdäpfel, Eier. Barth schuf von diesen Händlerinnen eindrucksvolle Porträts.

Aber auch Händler, die ihre Finanzen auf dem Markt öffentlich zur Schau trugen und so ihren sozialen Status demonstrierten, bekam Barth vor die Linse. Dass eben auch der Markt sozial differenziert ist, ist Gegenstand der fotografischen Erzählung.

DISTILLERY No 1
IMPERIAL GALS.
24.7 U.P.

Marktfrauen,
August 1958.

Marktfrau,
August 1958.

Grünmarkt auf dem
Universitätsplatz, 1954.

Einkäuferin auf
dem Grünmarkt,
August 1958.

W. CADSKY-BOLZANO
ITALIA
POMODORO
AC

Grünmarkt auf dem
Universitätsplatz, 1954.

Grünmarkt in der Marktgasse
(heute Wiener-Philharmoniker-Gasse),
Frühjahr 1958.

Johann Wimmer
Johann Wimmer
Johann Wimmer

Grünmarkt in der Marktgasse
(heute Wiener-Philharmoniker-Gasse),
Frühjahr 1958.

Händler auf dem Grünmarkt,
August 1958.

ARBEITS- UND LEBENS**WELTEN**

Das „Wirtschaftswunder“ verdeckte eine noch immer vorhandene Armut oder schuf eine neue.

Mit dem wirtschaftlichen Aufschwung der fünfziger Jahre konnten nicht alle mithalten. Gewiss, rastende Bühnenarbeiter und wartende Dienstmänner strahlen Zufriedenheit aus. Zu den Gewinnern des „Wirtschaftswunders“ zählen sie jedoch kaum.

Barth fotografierte auch die „Outcasts“, den Lieferinger Tiergartenbesitzer Eduard Steindl etwa, für den es immer schwieriger wird, das Futter für seine Raubtiere zu bezahlen bzw. Kundschaft anzulocken, oder die „Lavendel-Fanny“, die versucht, durch den Verkauf dieses duftenden Krautes am boomenden Tourismusgeschäft teilzuhaben. Barth fotografierte den Bettler auf dem Makartsteg und den Obdachlosen am Salzburger Hauptbahnhof und hielt im Bild jene alte Frau fest, die sich wie Sisyphus abmüht, den Schotter beim Tomaselli-Kiosk zu glätten.

Industrialisierung und Rationalisierung der Wirtschaftsabläufe entzog nicht wenigen Gewerben den Boden. Berufe wie die Dienstmänner verschwanden. Kleine Gewerbebetriebe hatten es immer schwieriger sich zu behaupten. In den sechziger Jahren verstärkte die einsetzende touristische Globalisierung auch in der Salzburger Altstadt diesen Verdrängungsprozess. Immer mehr Geschäfte und Läden mussten schließen, so auch die Metzgerei Daghofer in der Goldgasse.

Festspielhaus-Arbeiter in der
Wiener-Philharmoniker-Gasse,
August 1957.

Rastende Arbeiter an der
Hellbrunner Straße, 1957.

TRINK
Coca-Cola
EISKALT

Arbeiterin mit Straßenwalze
beim Tomaselli-Kiosk, 1957.

Wartender Dienstmann am Hagenauerplatz,
August 1957.

Gehsteig-Reinigung in der Kaigasse,
Juli 1958.

„Fahrrad-Wärterin" beim
Sternbräu in der Griesgasse,
Sommer 1957.

HERREN u DA
BEKLEIDU
MASS u KONF

Alte Frau bei der Maxglaner Kirche,
Februar 1955.

Alte Frau, Universitätsplatz,
Juli 1958.

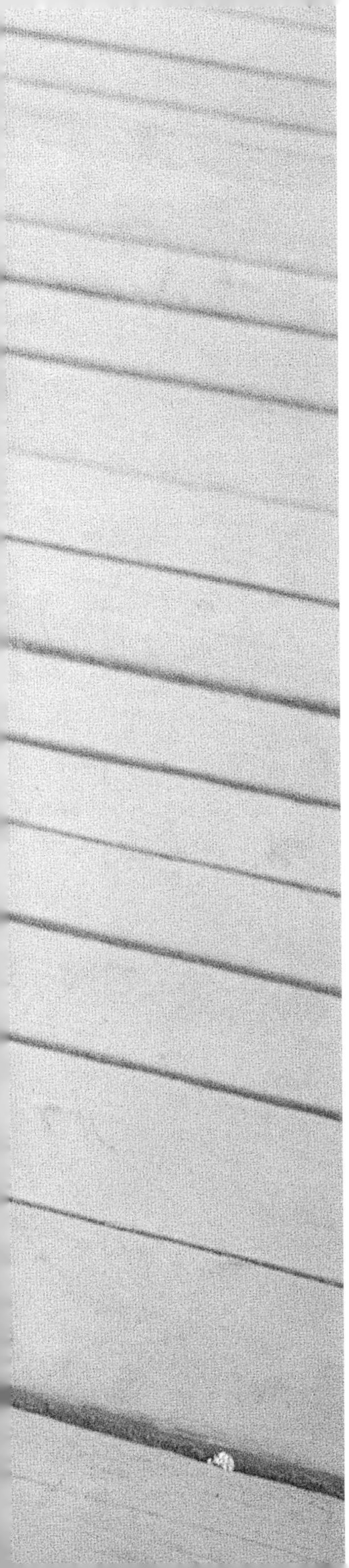

Bettler am Makartsteg,
Winter 1954/55.

Obdachloser am
Salzburger Hauptbahnhof,
Jänner 1962.

„Lavendel-Fanny“
in der Getreidegasse,
Juli 1962.

Elisabeth Friesl, die „Hundsgräfin“,
November 1960.

Nach Beschwerden von Nachbarn sollten jene 40 Hunde, mit denen Elisabeth Friesl in einem Behelfsheim in der Lehener Au lebte, auf behördlichen Auftrag eingezogen und eingeschläfert werden. Nach Interventionen von Tierschützern übernahm der Wiener Tierschutzverein die Tiere.

Eduard Steindl, Besitzer
des Lieferinger Tierparks,
Herbst 1956.

Seit den späten zwanziger Jahren unterhielt Eduard Steindl in Liefering eine Raubtierschau bzw. einen Tierpark. 1958 besuchten monatlich kaum 30 Personen den Park. In den siebziger Jahren musste er geschlossen werden.

Mozartplatz,
April 1957.

Beim Wetterhäuschen
auf dem Alten Markt, 1957.

Brigitte Frass, Salzburgs erste Briefträgerin, Dezember 1961.

Sortierstelle
beim Bahnhofspostamt,
Dezember 1961.

Briefträger,
Dezember 1961.

Ehrung eines Fiakers,
Frühjahr 1956.

Fiaker am Residenzplatz,
Sommer 1956.

Reparatur der Obusleitung
beim Salzburger Hauptbahnhof,
Mai 1968.

„Salzburger Cristallglas", Werk in der Alpensiedlung, Mai 1963.

Das „Salzburger Cristallglas" wurde nach dem Krieg von vertriebenen Sudetendeutschen gegründet. In den 1960er Jahren beschäftigte der Betrieb über 150 Mitarbeiter und Mitarbeiterinnen. 1984 musste er allerdings eingestellt werden.

Kuhhirte im Nonntal,
Herbst 1957.

Dampfbäckerei Haidenthaller
an der Schallmooser Hauptstraße,
Juni 1963.

S 10.730

Heuernte in der Herrnau,
Juli 1961.

Der Salzburger Fleischhauermeister
Fritz Daghofer und seine Frau
Hella kurz vor Schließung ihres
Geschäftes in der Goldgasse,
September 1963.

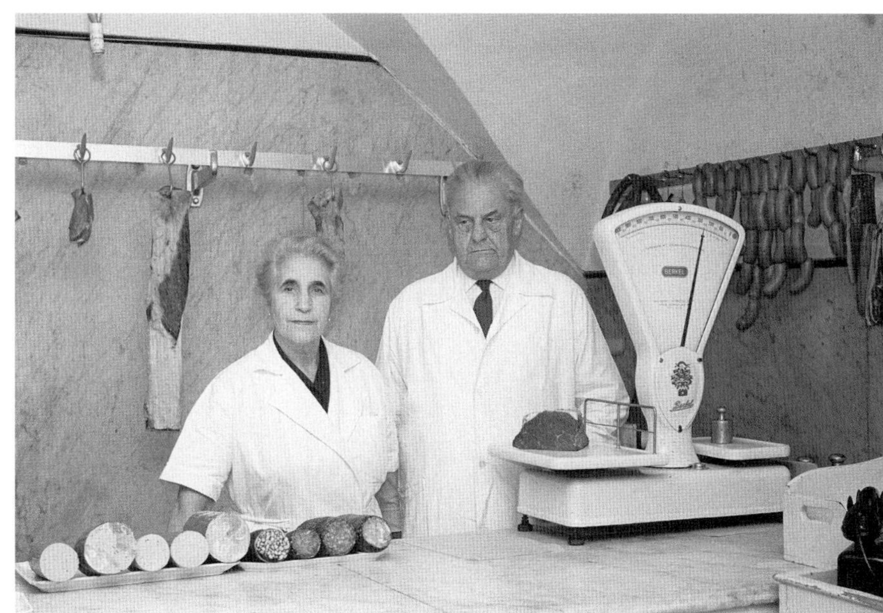

Josef Moosbrucker,
Landwirt in Leopoldskron-Moos,
September 1962.

**Josef Moosbrucker (1922–1994)
war von 1962 bis 1982 Gemeinderat
in der Stadt Salzburg.**

LEBENSTRÄUME UND **WIRKLICHKEITEN**

Die Menschen fassten Mut und hatten wieder Ziele. Und sie träumten, träumten von Erfolg, Konsum und Luxus. Alles schien möglich und die schönen neuen Welten zum Greifen nahe, und doch wurden die Menschen von der Banalität der Realität eingeholt und ihnen die gewohnten und eingeübten Rollen zugewiesen. Den Gigolo gab es wieder oder noch immer. Die Misswahlen 1958 im Mozarteum lassen am männlichen Miss-Verständnis weiblicher Schönheit keinen Zweifel. Der „Weltkongress der Frisöre" in Salzburg erfand Damenfrisuren im Namen der Fremdenverkehrswerbung. Die „Collection à la Mozart" war die Modeempfehlung der Saison 1963/64.

Der Sport war und blieb männlich, der Fußball sowieso und erst recht der Motorsport. Im Motorsport bündelten sich die Wünsche und Sehnsüchte nach Grenzen überwindender Freiheit und männlicher Stärke, der Motorsport sublimierte Eroberung.

Ohne Vergessen und Verdrängen wären Wiederaufbau und „Wirtschaftswunder" nicht möglich gewesen. Man blickte in die Zukunft und nicht zurück und arbeitete sich ab für das kleine Glück. Aufgereihte Herren und wohl geschürzte Damen in ihren Rollen als Werber und Dienerinnen sind genauso paradigmatische Rollenbilder wie die anwesende politische und kirchliche Prominenz bei der „Einweihung" des Landeshauptschießstandes im April 1963.

Beim Aya-Bad an der Alpenstraße,
Sommer 1957.

Das Freibad an der Alpenstraße wurde von der amerikanischen AYA (Austrian Youth Activities) finanziert und errichtet. Die Freizeitanlage wurde im August 1950 eröffnet.

Szene im Aya-Bad,
Sommer 1957.

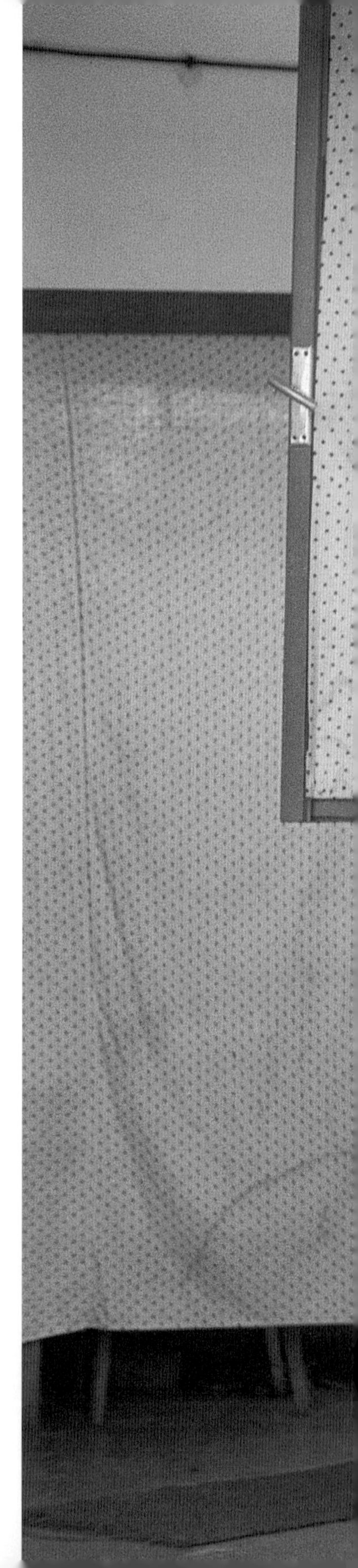

Schwimmeister
Erste Hilfe

Miss-Wahl im Mozarteum,
Mai 1958.

Sonnen im Aya-Bad,
Sommer 1957.

„Intercoiffure Weltkongreß", Salzburger Kongresshaus, September 1963.

Der Internationale Weltkongress der Damenfriseure brachte im September 1963 über 800 Delegierte nach Salzburg. „Salzburger Dirndln" überreichten den Gästen Biedermeiersträußchen. Die Meisterfriseure kreierten, inspiriert von einem Mozartrelief, eine „Collection à la Mozart" als Modeempfehlung für das Jahr 1963/64.

Helga Zehentner und Walter Chaloupka
im Salzburger „Tanzstudio Mirabell",
November 1960.

Auslage im Ritzerbogen mit gespiegeltem Wahlplakat zur Bundespräsidentenwahl, Frühjahr 1957.

Rupert-Hollaus-Gedächtnisrennen
auf der Autobahn bei Liefering,
Mai 1957.

Die jährlichen Rennen auf der Lieferinger Autobahn waren Rupert Hollaus, dem einzigen österreichischen Motorrad-Weltmeister, gewidmet, der 1954 in Monza tödlich verunglückt war.

Zuschauende beim
Rupert-Hollaus-Gedächtnisrennen
auf der Autobahn bei Liefering,
Mai 1960.

Zuschauende auf dem
Austria-Sportplatz in Lehen,
April 1960.

Austria Salzburg besiegte in einem Testspiel den FC Schweinfurt 05 mit 3:1.

Fußball am Universitätsplatz,
Jänner 1958.

Familienspaziergang im Nonntal,
Mai 1959.

An der Staatsbrücke,
Juli 1967.

Schülerinnen der
Höheren Bundeslehranstalt
für Frauenberufe „Annahof"
präsentieren in der
Residenz ein Buffet,
Mai 1960.

Marte Harell und Nico Dostal bei der Eröffnung
des „Rendezvous" an der Lederergasse,
April 1963.

**Am 11. April 1963 eröffneten die neuen Weinstuben-Restaurants „Weingartl" und „Rendezvous".
Die Schauspielerin Marte Harell (1907–1996) spielte in der NS-Zeit
in zahlreichen Unterhaltungsfilmen gemeinsam mit Hans Moser, Paul Hörbiger und Theo Lingen.
1963 war sie Partnerin von Curd Jürgens in „Begegnungen in Salzburg".
Nico Dostal (1895–1981) schuf ab den 1920er Jahren eine Unzahl von Operetten und Filmmusiken
und stand als Komponist auf der „Gottbegnadeten"-Liste NS-Deutschlands.**

Eröffnung des Landeshauptschießstandes
am Saalachspitz,
April 1963.

Von links nach rechts: Vizebürgermeister Sepp Weilhartner, Landeshauptmann-Stellvertreter Franz Peyerl, Landeshauptmann Hans Lechner, Erzbischof Andreas Rohracher, Caritasdirektor Georg Kriechbaum und der Pfarrer von Liefering P. Rudolf Besel MSC. In der zweiten Reihe links ist der damalige Generalvikar und spätere Erzbischof Georg Eder zu sehen.

Aufgereihte Herren im Kongresshaus,
Februar 1961.

JUGENDTRÄUME

Der Twist konterkarierte alle eingelernten Anstandsnormen des Tanzes und die geordneten Begegnungen der Geschlechter.

Freilich, Salzburg erlebte nur einen Abklatsch halbstarken Aufbegehrens, aber der Einzug amerikanischer Rhythmen in den Schlager, die Beliebtheit von Sendungen wie „Tanzmusik auf Bestellung" oder des wöchentlichen „Fünf-Uhr-Tees" im Kongresshaus markieren das allmähliche Ende der starren Welt der „Ganzstarken", der Kriegsgeneration.

So etwas wie eine Rebellion „halbstarker" Jugendlicher gab es in Salzburg nicht, aber doch versuchten Jugendliche Ende der fünfziger Jahre erwachsene Bevormundung zurückzudrängen und sich eigene Symbolwelten aufzubauen. Mofa und Vespa waren solche Symbole. Die Musik, insbesondere Rock'n'Roll, war ein Medium, in dem sich ein gegen die Erwachsenen und ihren überkommenen Vorstellungen und Maximen gerichtetes Lebensgefühl artikulierte. Auch in Salzburg konnte man in den Fünfzigern Rock'n'Roll-Konzerte besuchen.

Eingang zum St.-Peter-Friedhof,
Herbst 1957.

Jugendliche auf Mofas vor
dem Centralkino in der Bergstraße,
Mai 1958.

GASTHOF
ANFANG
HALTEVERBOT
S 28 464
S 28 132
S 8 687

ESSO SERVICENTER
EUROVESPA
19 61
SALZBURG
VESPA CLUB VON
EUROVESPA
19 61
SALZBURG
EUROVESPA
19 61
SALZBURG
VESPA CLUB VON
DEUTSCHLAND
IM V.C. EUROPA

Euro-Vespa-Rallye Salzburg 1961, Alpenstraße,
Mai 1961.

Über 500 Teilnehmer aus 14 Nationen zählte man bei der „Euro-Vespa-Rallye" in Salzburg. Neben Ausflügen und Sternfahrten nahmen die Vespa-Fahrer auch an einem Empfang bei Bürgermeister Alfred Bäck und an einer von Erzbischof Andreas Rohracher zelebrierten Messe teil.

Jugendliche vor dem Stadtkino,
Mai 1959.

Das Stadtkino, ein Neubau anstelle des zerbombten Museums, wurde 1950 eröffnet. Es war damals das modernste Tonkino Salzburgs. Der Kinosaal wurde auch für Modeschauen, Boxkämpfe, Shows oder Jazz-Konzerte genutzt. 1984 schloss das Stadtkino seinen Betrieb. Heute ist hier die „SZENE Salzburg" zu Hause.

Verkehrskontrolle in der Müllner Hauptstraße,
November 1960.

Jazzball mit den „Twilight Stompers“ im Kongresshaus, Februar 1961.

An der Music-Box,
1957.

Mädchen mit Faltenrock, Alpenstraße,
Sommer 1957.

FREIE **ZEITEN**

beurteilen zwei junge Frauen am Rudolfsplatz den Fotografen.

Barths Bildreportagen aus dem Müllner Bräu zeugen von einer bewundernswerten Gelassenheit der Gäste und kontrastieren die Hektik des Wirtschaftslebens. „Hier trifft sich das Volk, hier offenbart es die Seele", meinte Thomas Bernhard, nicht ohne Ironie.

Exemplarisch fing Johann Barth am 24. August 1960, einem lauen Sommerabend, die Stimmung in der Salzburger Altstadt während der Festspiele ein. Sein Weg beginnt beim Stadtkino am Anton-Neumayr-Platz, wo Jugendliche auf das Ende der laufenden Vorstellung warten. Der Würstlstand am Alten Markt („Salzburger Würstlbar") wird von zahlreichen Nachtschwärmern belagert, die Auslage eines Souvenir-Ladens von Tourist/innen bewundert. Vor dem Festspielhaus hat der Portier während der Vorstellung genügend Zeit, die Zeitung zu studieren. Skeptisch

Nachtspaziergang,
Stadtkino,
August 1960.

Nachtspaziergang,
Alter Markt,
August 1960.

Nachtspaziergang,
Alter Markt,
August 1960.

Nachtspaziergang,
Kleines Festspielhaus,
Max-Reinhardt-Platz,
August 1960.

Nachtspaziergang,
Rathausplatz,
August 1960.

Nachtspaziergang,
Rudolfsplatz,
August 1960.

Abschiedsfeier im
Müllner Bräu für
Pater Lorenz Schaubeck,
Leiter des Schülerheimes
Johannesschlößl,
September 1960.

Szenen aus dem
Müllner Bräu,
September 1960.

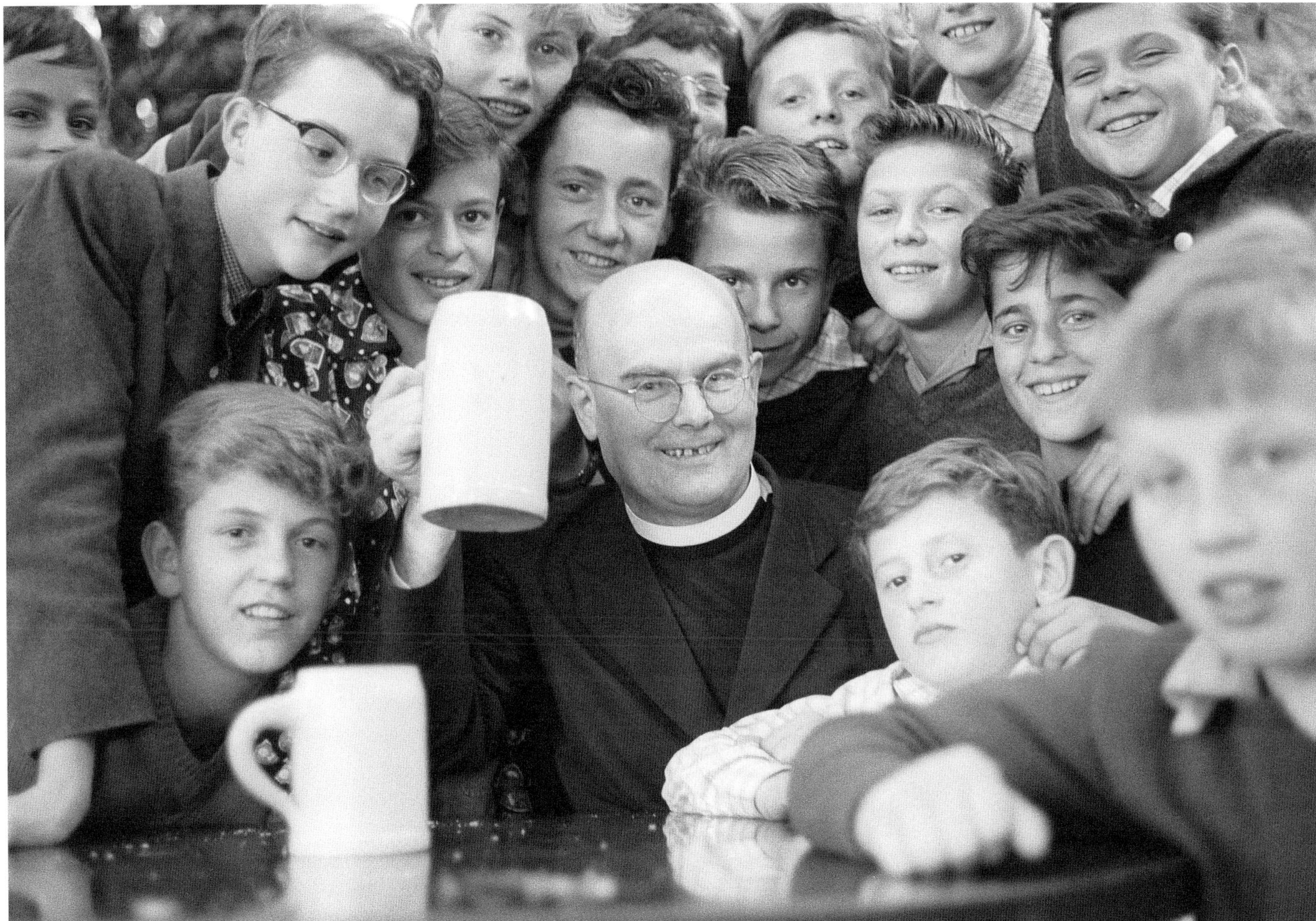

Rastende am Staatsbrückenkopf,
September 1960.

Zeitungsleser im Café Bazar,
Februar 1970.

VERKEHRS- UND ARCHITEKTUR**TRÄUME**

Selbst Salzburg, das so auf sein trachtig-provinzielles Image bedacht war, wollte sich mit einem Hochhaus ein architektonisches Symbol des Wiederaufbaus und des „Wirtschaftswunders“ setzen. 1957 wurde das Hotel Europa fertig gestellt. Es war unter dem Diktat ständig hinauf geschraubter Verwertungserwartung errichtet worden. Der Hotelturm wurde als urbanes Zeichen begrüßt und gleichzeitig als Bausünde und Schandfleck für Salzburg abgelehnt. Ähnliches widerfuhr dem „Mississippi-Dampfer“, einem Büro- und Wirtschaftsgebäude am Ferdinand-Hanusch-Platz. Als modernes und zweckdienliches Gebäude bei seiner Eröffnung 1955 gefeiert, wurde es 1974 als architektonisches Ärgernis demoliert. Sein Verschwinden wird heute nicht selten wehmütig bedauert.

Im eigenen Fahrzeug, im eigenen Motor-Fahrzeug, manifestierten sich das Gefühl individueller Freiheit und der Stolz auf erlangten Wohlstand. Motorroller und Auto wurden Statussymbole, bevölkerten die Innenstädte und reduzierten den öffentlichen Verkehr. Die autogerechte Stadt war Losung der sechziger Jahre. Diesem Ziel wurde Vieles untergeordnet. Erst in den siebziger und achtziger Jahren sollte dieses Schlagwort negativen Beigeschmack bekommen. Aber schon in den fünfziger Jahren wurde die Einstellung der Salzkammergut-Lokalbahn von Protesten begleitet.

Bau des neuen „Hotel Europa“,
Frühjahr 1957

Das „Hotel Europa“ gilt als erstes Hochhaus Salzburgs. Es wurde 1956/57 nach Plänen von Josef Becvar errichtet.

Salzburger Dom von der
Festungsgasse aus gesehen,
November 1961.

Bau des „Mississippi-Dampfers",
Sommer 1954.

Das von Josef Becvar geplante Gebäude, im Volksmund „Mississippi-Dampfer" genannt, eröffnete im Juni 1955 und beherbergte mehrere Geschäfte und Gaststätten, darunter ein Terrassenlokal. 1974 wurde es abgerissen.

Umbau des Festspielhauses,
März 1959.

Von 1956 bis 1960 wurde auf dem Areal des ehemaligen Hofstalltraktes das „Große Festspielhaus" nach Plänen von Clemens Holzmeister gebaut.

9
München
Traunstein
Innsbruck
Reichenhall
Autobahn

Umbau des Festspielhauses,
April 1959.

Taxi-Kiosk an der Schwarzstraße,
November 1961.

Die Zuckerwarenfabrik „Rajsigl“,
November 1961.

Die Zuckerwarenfabrik „Bartholomäus Rajsigl“ an der Vierthalerstraße wurde 1898 gegründet. Das Fabriksgebäude wurde nach Plänen von Jakob Ceconi errichtet. Nach einer Unterbrechung begann die Süßwarenproduktion bereits wieder 1946. Bekannt waren die „Blauen Rajsigl-Neapolitaner“. 1948 fusionierte die Firma mit der Süßwarenfabrik „Mirabell“ in Grödig. 1956 wurde die Produktion an der Vierthalerstraße aufgelassen. Das Gebäude wurde 1981 demoliert. Es war eines der ältesten Industriedenkmale in der Stadt Salzburg.

Verkauf von Fahrscheinen
am Ferdinand-Hanusch-Platz,
Winter 1954/55.

Kinderfahrschule vor dem
Haus der Jugend
am Franz-Hinterholzer-Kai,
Frühjahr 1956.

Alter Markt,
August 1961.

Briefträger im
Verkehr am Makartplatz,
März 1961.

Letzte Fahrt der Salzkammergut-Lokalbahn
und Protestmarsch gegen deren Einstellung,
September 1957.

Die Salzkammergut-Lokalbahn („Ischlerbahn“) war 1891 bis Mondsee und 1893 bis Bad Ischl fertig gestellt worden. Ihre Einstellung im Jahre 1957 führte zu Protesten.

A
S3-
425

SALZBURG-BESUCHER/INNEN,
PROMINENZ, KÜNSTLERINNEN
UND KÜNSTLER

Salzburg lebte und lebt vom Tourismus. Seit der Entdeckung der Schönheiten Salzburgs durch die Romantiker und der Erschließung als Tourismus-Region im 19. Jahrhundert entwickelte sich die Stadt zu einem begehrten Reiseziel.

Touristische Szenen, wie eine die Immaculata am Domplatz knipsende Salzburg-Besucherin oder im Salzburg-Look auftretende Amerikaner, fing Johann Barth ein. Und natürlich waren während der Festspielzeit die prominenten Besucher/innen begehrte Objekte des Fotografen. Vor allem in den sechziger Jahren fotografierte Barth eine ganze Reihe von Festspielkünstler/innen und Filmstars. Aber auch diese Porträts zeigen die ganze Bandbreite von Widersprüchlichkeiten dieses Zeitabschnittes.

Da bekam unser Salzburger Fotograf etwa Kim Novak vor die Linse, Hollywood-Star und als „frosty blonde beauty" eine der populärsten Sex-Ikonen Amerikas, oder er fotografierte die „Grande Dame der deutschen Schauspielkunst" Paula Wessely, von den Österreicher/innen gefeiert und verehrt und verstrickt in der nationalsozialistischen Propaganda- und Unterhaltungsmaschinerie. Da gelang Barth ein Schnappschuss vom Bier trinkenden Bernhard Wicki, 1944 Emigrant und 1959 Regisseur des folgenreichen Antikriegs-Dramas „Die Brücke". Protagonisten des Heimatfilms wie Peter Alexander, vor der Kulisse der Salzburger Altstadt von feschen „Dirndln" umringt, wurden genauso porträtiert wie der unerbittliche sarkastische Kommentator der österreichische Seele, Helmut Qualtinger, oder der radikale Prediger Pater Leppich, der sich selbst als „Maschinengewehr Gottes" bezeichnete. Auch bei den Salzburgern spannt sich der Bogen von unbequemen Außenseitern wie Thomas Bernhard zu Mainstream-Künstlern wie Karl Heinrich Waggerl.

JULIUS MEINL

Blick vom Hotel „Österreichischer Hof"
(heute „Hotel Sacher") auf die Altstadt,
Juli 1961.

Zwei amerikanische Touristen
auf dem Residenzplatz,
Sommer 1957.

Touristinnen am Alten Markt,
August 1963.

Fotografierende Touristin
vor der Jedermann-Bühne,
August 1968.

Fotograf/innengruppe vor dem
Pegasus im Mirabellgarten,
Juli 1967.

Der deutsche Theaterfotograf Heinz Köster,
Juli 1963.

Kim Novak verlässt das Hotel Bristol,
Mai 1959.

Die amerikanische Filmschauspielerin (geb. 1933) wurde in den 1950er Jahren durch eine Reihe von Filmen berühmt, in denen sie den Typus der „kühlen Blondine" verkörperte. Ihre Partner waren unter anderem Frank Sinatra, James Stewart und James Garner.

Christa Ludwig (li.) beim
Spaziergang auf dem Alten Markt,
August 1960.

Bei den Salzburger Festspielen 1960 sang Christa Ludwig (geb. 1928 in Berlin, gest. 2021 in Klosterneuburg) den Cherubino in Mozarts „Le Nozze di Figaro“ und in „Così fan tutte“ die Dorabella.

Hochzeit von Winnie Markus und Adi Vogel, Evangelische Christuskirche in Salzburg, August 1960.

Winnie Markus (1921–2002) startete ihre Karriere im Theater in der Josefstadt und wirkte in den 1940er und 1950er Jahren in zahlreichen Filmen mit. Nach ihrer Heirat mit dem „Salzbaron" Adi Vogel, deutscher Konsul in Salzburg, zog sie sich von Bühne und Film zurück und arbeitete in dessen Unternehmungen. Die Flucht Adi Vogels nach dem Konkurs seiner Firmen erregte großes Aufsehen. Winnie Markus versuchte ein Comeback beim Theater und spielte auch in Filmen, unter anderem in der Serie „Der Bergdoktor".

Margot Werner in der Saint-Julien-Straße,
Juli 1961.

Margot Werner (geboren 1937 in Salzburg, gestorben 2012 in München) wurde in Salzburg ausgebildet und avancierte zur Primaballerina der Bayerischen Staatsoper. Ab den 1970er Jahren machte sie als Chansonsängerin und TV-Entertainerin Karriere und wurde als die „große Blonde mit dem tiefen Ton" gefeiert.

Bernhard Paumgartner, Präsident der Salzburger Festspiele, im Gespräch mit Gottfried Reinhardt, Juli 1961.

Bernhard Paumgartner (1887–1971), Dirigent, Komponist und Musikforscher (li), wurde 1917 Direktor des Mozarteums und war in vielfältiger Weise den Salzburger Festspielen verbunden und von 1960 bis zu seinem Tod deren Präsident. Gottfried Reinhardt (1913–1994), jüngster Sohn Max Reinhardts, Drehbuchautor und Filmregisseur (re), lebte von 1958 bis 1986 in Salzburg und inszenierte 1961/62 den „Jedermann".

Attila Hörbiger bei der Lektüre
eines Briefes, Festspielhaus,
Juli 1961.

Attila Hörbiger (1896–1987) war Mitglied des Ensembles im Theater in der Josefstadt und ab 1950 des Burgtheaters. 1935 bis 1938 und 1947 bis 1950 verkörperte er den „Jedermann“ bei den Salzburger Festspielen. 1961 spielte er den Faust in einer Inszenierung von Leopold Lindtberg.

Jim L. Tuck und George Paget Thomson auf dem Salzburger Atomkongress, September 1961.

Der englische Physik-Nobelpreisträger George Paget Thomson (1892–1975) war als Verbindungsoffizier zwischen amerikanischen und englischen Wissenschaftern indirekt an der Entwicklung der Atombombe beteiligt. Nach dem Krieg befasste sich Thomson mit theoretischen Problemen der Atomenergienutzung.

Peter Alexander umringt von „Dirndln" auf dem Residenzplatz, September 1961.

1961 drehte Franz Josef Gottlieb im Parscher Filmstudio „Saison in Salzburg" nach der gleichnamigen Operette von Max Wallner und Kurt Feltz, Drehbuch von Ernst Marischka. Peter Alexander (1926–2011) spielte eine der Hauptrollen. Seine Filmpartnerin Ingeborg Schöner ist im Vordergrund zu sehen.

Paula Wessely im Café Bazar,
Juli 1962.

Paula Wessely (1907–2000) galt lange als „Grande Dame der deutschen Schauspielkunst“ und war „Doyenne des Burgtheaters“. Ihre Mitwirkung am antisemitischen Propagandafilm „Heimkehr“ (1941) und weiteren nationalsozialistischen Propagandafilmen, aber auch im österreichischen Heimatfilm der Nachkriegszeit führte nach ihrem Tod zu kontroversen Debatten. 1962 spielte sie bei den Salzburger Festspielen den „Glauben“ in der Jedermann-Inszenierung von Gottfried Reinhardt.

Maria Perschy gibt Autogramme,
November 1961.

Maria Perschy (1938–2004) startete ihre Filmkarriere 1956 mit dem Streifen „Nichts als Ärger mit der Liebe“. Den internationalen Durchbruch schaffte sie mit dem Thriller „Nasser Asphalt“ (1958, mit Horst Buchholz, Regie: Frank Wisbar) und mit „Ein Goldfisch an der Leine“ (1964, mit Rock Hudson, Regie: Howard Hawks). Zuletzt spielte Perschy in TV-Serien wie „Tatort“ und „Ringstraßenpalais“.

„Maxi" Böhm mit seinen Kindern im Café Bazar, August 1962.

Der Kabarettist und Schauspieler Max Böhm (1916–1982) wurde als Conferencier und „Quizmaster" beim Sender Rot-Weiß-Rot bekannt und war einer der Hauptdarsteller im Kabarett „Simpl".

Georg Kreisler im Café Bazar, August 1962.

Der Kabarettist, Komponist und Schriftsteller Georg Kreisler wurde 1922 in Wien geboren und starb 2011 in Salzburg. 1938 musste er in die USA emigrieren und diente von 1942 bis 1945 in der amerikanischen Armee. 1955 kehrte Kreisler nach Wien zurück und arbeitete mit Gerhard Bronner, Carl Merz und Helmut Qualtinger zusammen. Neben Chansons und Theaterstücken schrieb Kreisler auch Romane und Opern.

Ernst Waldbrunn (li) und
Ernst Haeussermann (re) im Café Bazar,
August 1962.

Der Kabarettist und Schauspieler Ernst Waldbrunn (1907–1977) war vor allem durch seine Doppelconférencen mit Karl Farkas bekannt. Hier ist er im Gespräch mit dem damaligen Direktor des Burgtheaters, Ernst Haeussermann (1916–1984), zu sehen.

Bernhard Wicki während einer Drehpause,
Juni 1963.

Gottfried Reinhardt drehte 1963 in Parsch das Melodram „Elf Jahre und ein Tag". Ruth Leuwerik, Paul Hubschmid und Bernhard Wicki sind in den Hauptrollen zu sehen. Bernhard Wicki (1919–2000) besuchte die Schauspielschule von Gustaf Gründgens. Wegen regimekritischer Äußerungen wurde er 1938/39 im Konzentrationslager Sachsenhausen inhaftiert. 1944 emigrierte Wicki in die Schweiz und wurde Schweizer Staatsbürger. Nach 1945 begann seine Karriere als Schauspieler und später auch als Regisseur.
Der Antikriegsfilm „Die Brücke" (1959) machte Wicki international bekannt.

Pressekonferenz von Architekt Richard Neutra
im „Hotel Mirabell",
Juli 1963.

Der amerikanische Stararchitekt Richard Neutra plädierte für die Errichtung eines Campus für die Salzburger Universität südlich des Mönchsberges in Nonntal und sprach sich aus Kostengründen gegen eine dezentrale Lösung aus.

Peter Jost interviewt Udo Jürgens
im Studio von Radio Salzburg,
Februar 1964.

Im März 1964 nahm Udo Jürgens (1934–2014) am Chanson-Festival in Kopenhagen teil und belegte mit seinem Song „Warum nur, warum …" den sechsten Platz. Peter Jost (1920–2000) moderierte die beliebte Radiosendung „Tanzmusik auf Bestellung".

Josef Meinrad in einem Hotelgarten in Parsch, Sommer 1968.

Der Schauspieler Josef Meinrad (1913–1996) wurde durch Darstellung von Raimund- und Nestroy-Charakteren bekannt. Zu seiner Popularität gelangte er durch sein Mitwirken in Hans-Moser-Filmen und in den Sissi-Filmen.

Gisela Elsner bei der Verleihung des Verlegerpreises „Prix Formentor" im Marmorsaal des Schlosses Mirabell, Mai 1964.

Gisela Elsner (1937–1992) erhielt den mit 10.000 Dollar dotierten Verlegerpreises „Prix Formentor", der 1964 in Salzburg verliehen wurde, für ihren gesellschaftskritischen Roman „Die Riesenzwerge".

Hermann Oberth im Salzburger Kongresshaus,
Mai 1959.

Der bekannte Physiker und Raumfahrtpionier Hermann Oberth (1894–1989) sprach am 1. Mai 1959 auf Einladung des „Lions-Clubs" über die Zukunft der Weltraumfahrt. Oberth zeigte sich von der Möglichkeit der Landung von Menschen auf dem Mond im nächsten Jahrzehnt überzeugt.
Auch eine Besiedlung des Mondes sei im Bereich des Möglichen.

Rudolf Rhomberg und Helmut Qualtinger
im „Espresso 21" im Stadtkinogebäude,
August 1962.

Rudolf Rhomberg (1920–1968) war bei den Salzburger Festspielen 1962 als „dicker Vetter" in der Jedermann-Inszenierung von Gottfried Reinhardt engagiert.
Der Kabarettist, Schauspieler und Schriftsteller Helmut Qualtinger (1928–1986) ist Schöpfer mehrerer Klassiker des österreichischen Kabaretts, wie etwa „Der Herr Karl", mit dem er schonungslos österreichische Verlogenheit geißelte. Auch als Schauspieler wusste Qualtinger zu überzeugen, wie etwa bei Kafka-Verfilmungen, oder in „Geschichten aus dem Wienerwald".

Helmut Qualtinger im Gespräch
mit den Besitzern des „Espresso 21“,
Carl und Irene Jezek,
August 1962.

Das „Espresso 21“ am Anton-Neumayr-Platz (Stadtkinogebäude) war in den sechziger Jahren ein beliebtes „In-Lokal“.

Pater Leppich auf dem Kapitelplatz,
September 1961.

Der Jesuit und Wanderprediger Pater Johannes Leppich (1915–1992) sprach in den fünfziger und sechziger Jahren auf öffentlichen Plätzen vor bis zu 40.000 Menschen. Insgesamt dürften über 15 Millionen Menschen seine Predigten gegen Wohlstandsgesellschaft und sexuelle Liberalisierung gehört haben. Leppich bezeichnete sich selbst als „Maschinengewehr Gottes".

Sepp Hödlmoser,
November 1958.

Der auf der Festung lebende Maler Sepp Hödlmoser (1923–1967) war ein Außenseiter der Salzburger Kunstszene und als „Bürgerschreck" verschrien. Gleichwohl zählt sein Œuvre zum Bedeutendsten der Salzburger Kunst nach 1945.

Erwin Gimmelsberger,
Jänner 1959.

Der Journalist und Schriftsteller Erwin Gimmelsberger (1923–2003) gründete 1971 die „Rauriser Literaturtage" und war bis 1988 deren Leiter.

Sportreporter Hans Klettner im Gespräch
mit dem Sportfotografen Ferry Schreiber,
April 1960.

Hans Klettner (1925–2003) stieß 1947 zum Sender Rot-Weiß-Rot, als man einen Berichterstatter für ein Schi-Rennen am Sonnblick suchte. Klettner war einer der renommiertesten Sportreporter Österreichs. Ferdinand Ferry Schreiber (1924–1998) war zunächst Pressefotograf beim Wiener Kurier und übersiedelte 1951 nach Salzburg. Er fotografierte im Auftrag der Amerikaner und machte sich dann selbstständig. Er arbeitete für die bekannte Frauenzeitschrift FÜR SIE und spezialisierte sich auf Fremdenverkehrsaufnahmen und die Lebensmittelfotografie.

Thomas Bernhard im Café Bazar,
November 1963.
© Sepp Dreissinger

Thomas Bernhard (1931–1989) verbrachte Jugend und Adoleszenz in Salzburg. In seinen autobiografischen Erzählungen setzte er sich polemisch-kritisch mit Salzburg und seinen kleinbürgerlichen Mentalitäten auseinander.

Hermann Aicher bei der Abreise zur Tournee 1961/62 des Marionettentheaters in die Schweiz, nach Frankreich und Belgien, Oktober 1961.

Hermann Aicher leitete das Salzburger Marionettentheater in Nachfolge seines Vaters von 1926 bis 1977. Zahlreiche Tourneen machten es in aller Welt bekannt.

Karl Heinrich Waggerl auf der Terrasse des Café Bazar, August 1961.

Der Wagrainer Schriftsteller Karl Heinrich Waggerl (1897–1973) schilderte in seinen Werken den Alltag seiner dörflichen Umgebung. In der NS-Zeit war er einer der Exponenten des nationalsozialistischen Kunst- und Kulturbetriebes. So etwa war er maßgeblich an der Organisierung der „Kulturtage der Hitlerjugend" beteiligt. Bekannt wurde Waggerl nach 1945 auch durch seine Mitwirkung beim „Salzburger Adventsingen".

Clemens Holzmeister und seine Frau Gunda
mit Gertrude und Burghard Engele,
seinem Mitarbeiter, im Café Tomaselli,
August 1960.

Der Architekt Clemens Holzmeister (1886–1983) ließ sich im Jahr der Eröffnung des von ihm geplanten Großen Festspielhauses in Salzburg nieder.

JAZZ IN SALZBURG

Neben seiner fotografischen Leidenschaft verschrieb sich Johann Barth dem Jazz, in den fünfziger Jahren in Salzburg ein absolutes Minderheitenprogramm. In Kontakt mit dem Jazz waren die Salzburger/innen durch die amerikanischen Besatzungstruppen gekommen. Im ersten Nachkriegsjahrzehnt gab es in Salzburg bis zu sieben Jazzclubs, damals „Negerclubs" genannt. Nach dem Abzug der Amerikaner nahm das Interesse an Jazz merklich ab. Was gehört wurde, war eher eine vom Jazz beeinflusste Tanzmusik. Ende der fünfziger Jahre brachten Veranstaltungsreihen wie „Jazz aus aller Welt" im Salzburger Kongresshaus eine Reihe hochkarätiger Jazzinterpreten nach Salzburg. Johann Barth fotografierte die „Tremble Kids", als sie 1959 im Festspielhaus mit Bill Coleman und Albert Nicholas gastierten. Der österreichische Klarinettist Fatty George trat im gleichen Jahr auf. Aufstrebende Jazzstars aus Deutschland wie Klaus Doldinger oder aus Österreich Oscar Klein und viele andere lichtete Barth ebenso ab wie Louis „Satchmo" Armstrong auf einer Zugfahrt zu einem Wiener Konzert.

Oscar Klein,
April 1960.

Martien Beenen,
April 1960.

Peter Schilperpoort und Jan Morks,
April 1960.

Konzert der „Dutch Swing College Band" im Salzburger Kongresshaus, April 1960. Die DSC-Band wurde am 5. Mai 1945 gegründet und war eine der renommiertesten traditionellen Jazzbands Europas. Am 1. April 1960 gastierte die Band mit dem österreichischen Trompeter Oscar Klein als Gast im Salzburger Kongresshaus.

Bob van Oven,
April 1960.

Dick Kaart,
April 1960.

Klaus (Oscar) Doldinger,
Februar 1960.

Am 14. Februar 1960 gastierten die „Feetwarmers" mit Klaus Doldinger im Rahmen der Reihe „Jazz aus aller Welt" in Salzburg.

Fatty George im Kongresshaus,
Mai 1959.

Fatty George (eigentlich: Franz Georg Pressler, 1927–1982) erlangte als Vertreter eines swingenden Mainstream-Jazz in den sechziger Jahren Popularität.

Albert Nicholas,
März 1959.

Bill Coleman,
März 1959.

Die Schweizer Jazzband „Tremble Kids“ (in der Besetzung: Werner Keller, Rolf Cizmek, Oscar Klein, Hanspeter Giger, Ola Ringström und Walter Leibundgut) gastierte mit den amerikanischen Jazzmusikern Bill Coleman und Albert Nicholas im März 1959 im Salzburger Festspielhaus.

Die belgische Schlagersängerin
Angèle Durand im Kongresshaus,
November 1958.

Angèle Durand (eigentlich: Angèle DeGeest, 1925–2001) landete 1956 mit ihrem Song „So ist Paris" ihren ersten Hit. Bekannt sind auch Titel wie „Chanson d' amour" und „Hula Hoop".

Louis „Satchmo" Armstrong
im Zug von Salzburg nach Wien,
Februar 1959.

DIE **SIEBZIGER** JAHRE

Die Nachkriegszeit ging allmählich zu Ende. Die Bilder aus den frühen siebziger Jahren zeigen wie sehr sich Alltag und Lebensgefühl in den gut zwei Jahrzehnten nach Kriegsende geändert haben. Die Kleidung war in den fünfziger Jahren noch streng, einschließend und grau. Gegen Ende dieses Jahrzehnts kam der Faltenrock bei Mädchen und bei den Burschen die Schmalzlocke in Mode. Hula-Hoop, Musikautomaten und so genannte Jazz-Parties etwa signalisierten ein Lebensgefühl jenseits der Moralvorstellungen der Kriegs- und Kriegergeneration. Minirock, lange Haare und Jeans waren neue Symbole des Aufbegehrens in den siebziger Jahren. Barths späte Fotografien vermitteln freilich nicht die volle Dimension des kulturellen Wandels, sie lassen aber – vor allem im Vergleich mit den frühen Bildern – eine Ahnung davon zu.

Den fotografischen Arbeiten der siebziger Jahre ist nun deutlich ihr Auftrags-Charakter anzumerken. Sie verlieren viel von der spontanen Unmittelbarkeit. 1981 gibt Barth seinen Gewerbeschein zurück.

Gasthausszene,
Juli 1970

Szene in der Judengasse,
August 1970.

Junge Frauen
an der Salzach,
Mai 1971.

Tanz,
Juni 1971.

Alter Markt,
Juli 1970.

JOHANN BARTH **LEBENSLAUF**

1931	Johann Barth wird am 19. März 1931 in Mettersdorf in Siebenbürgen geboren
1944	Vertreibung und Flucht nach Deutschland
1946	Zuzug nach Palting und anschließend nach Burgkirchen, Bezirk Braunau
1946–1955	verschiedene Berufe als Land- und später als Bauarbeiter
1952	Übersiedlung nach Salzburg
1952–1955	Abendmatura-Kurs
1954	Volontär beim „Demokratischen Volksblatt"
1955	Redakteursaspirant in Linz
1955–1960	Arbeit als Angestellter und als freier Journalist
1956	österreichische Staatsbürgerschaft
1960–1981	Arbeit als freier Pressefotograf
1963	Auszeichnung bei „World Press Photo" und Ausstellung in Den Haag
1967	Heirat und Geburt eines Sohnes
1968	Scheidung
1981–1982	Arbeit als Angestellter
1982	Arbeitslosigkeit bzw. Frühpensionierung
Ab 1982	schriftstellerische Tätigkeit und zahlreiche Veröffentlichungen
1985–1987	Kursleiter an der Salzburger Volkshochschule für „Geschichte des Jazz" und für „Fotografie"
1986	„Schmetterlinge", Liebesgedichte
1987	Aufnahme in die „Grazer Autorenversammlung"
1987	„Reflexionen", Gedichte
1988	„Archivroman", Dokumentation
1989	Ankauf der Sammlung JOBA durch das Archiv der Stadt Salzburg und das Salzburger Landesarchiv
1989	„Tausend und keine Frau", Erzählungen
1992	„Zwischenschnitte", Essays und Erzählungen
1993	„Hirnlaufmaschen", erotische Gedichte
1997	„Vaters Leiden oder Die Schikanenstory", Roman

2005	MENSCHEN.**BILDER** Johann Barth sieht Salzburg, Fotoband
2005–2006	MENSCHEN.**BILDER** Ausstellung im Haus der Stadtgeschichte
2006	75. Geburtstag Lesung im Literaturhaus Salzburg
2006	75. Geburtstag Feier im Haus der Stadtgeschichte
2009	Johann Barth stirbt am 3. Februar in Salzburg

Johann Barth anlässlich
der Ausstellung Menschen.Bilder
im Haus der Stadtgeschichte, 2005.
Foto SN/Heinz Bayer